Fascicule XXXVI

MÉMORIAL
DES
SCIENCES MATHÉMATIQUES

PUBLIÉ SOUS LE PATRONAGE DE

L'ACADÉMIE DES SCIENCES DE PARIS,

DES ACADÉMIES DE BELGRADE, BRUXELLES, BUCAREST, COIMBRE, CRACOVIE, KIEW, MADRID, PRAGUE, ROME, STOCKHOLM (FONDATION MITTAG-LEFFLER), ETC., DE LA SOCIÉTÉ MATHÉMATIQUE DE FRANCE, AVEC LA COLLABORATION DE NOMBREUX SAVANTS.

DIRECTEUR

Henri VILLAT

Correspondant de l'Académie des Sciences de Paris,
Professeur à la Sorbonne,
Directeur du « Journal de Mathématiques pures et appliquées ».

FASCICULE XXXVI

Sur la décomposition d'une fonction méromorphe en éléments simples

PAR M. PAUL APPELL

Membre de l'Institut,
Recteur honoraire de l'Université de Paris

PARIS
GAUTHIER-VILLARS ET Cie, ÉDITEURS
LIBRAIRES DU BUREAU DES LONGITUDES, DE L'ÉCOLE POLYTECHNIQUE,
Quai des Grands-Augustins, 55.

1929

MÉMORIAL

DES

SCIENCES MATHÉMATIQUES

PARIS. — IMPRIMERIE GAUTHIER-VILLARS ET Cie,
79571 Quai des Grands-Augustins, 55.

MÉMORIAL

DES

SCIENCES MATHÉMATIQUES

PUBLIÉ SOUS LE PATRONAGE DE

L'ACADÉMIE DES SCIENCES DE PARIS,

DES ACADÉMIES DE BELGRADE, BRUXELLES, BUCAREST, COÏMBRE, CRACOVIE, KIEW, MADRID, PRAGUE, ROME, STOCKHOLM (FONDATION MITTAG-LEFFLER), ETC., DE LA SOCIÉTÉ MATHÉMATIQUE DE FRANCE, AVEC LA COLLABORATION DE NOMBREUX SAVANTS.

DIRECTEUR :

Henri VILLAT

Correspondant de l'Académie des Sciences de Paris,
Professeur à la Sorbonne,
Directeur du « Journal de Mathématiques pures et appliquées ».

FASCICULE XXXVI

Sur la décomposition d'une fonction méromorphe en éléments simples

PAR M. PAUL APPELL

Membre de l'Institut,
Recteur honoraire de l'Université de Paris.

PARIS

GAUTHIER-VILLARS ET Cie, ÉDITEURS

LIBRAIRES DU BUREAU DES LONGITUDES, DE L'ÉCOLE POLYTECHNIQUE

Quai des Grands-Augustins, 55.

—

1929

SUR LA DÉCOMPOSITION

D'UNE

FONCTION MÉROMORPHE

EN ÉLÉMENTS SIMPLES

Par M. Paul APPELL

INTRODUCTION.

La formule de décomposition d'une fraction ou fonction rationnelle $R(x)$, en fractions ou éléments simples, a un double intérêt : d'une part, elle met en évidence les pôles de la fonction avec leurs parties principales; d'autre part, elle permet l'intégration de la fonction en la ramenant à l'intégration des éléments simples.

Ce double point de vue a été étendu par le génie d'Hermite [1], [1*], [2] à la plupart des fonctions connues de son temps, par exemple aux fonctions elliptiques, aux fonctions doublement périodiques de seconde espèce et à leurs dégénérescences, aux fonctions rationnelles de $\sin x$ et $\cos x$, $R(\sin x, \cos x)$, aux fonctions de la forme $e^{\omega x}R(x)$, $e^{\omega x}R(\sin x, \cos x)$, où ω est une constante.

Dans ses recherches Hermite a pris généralement pour élément simple une fonction d'une variable $f(x)$ devenant infinie au point $x = 0$, en y remplaçant x par $x - a$, comme il arrive pour les fonctions rationnelles $R(x)$ où l'élément simple se déduit de $\frac{1}{x}$ en y remplaçant x par $x - a$.

Mais dans certains cas, comme on le verra dans l'exemple des fonctions doublement périodiques de troisième espèce, il faut avoir recours, pour l'élément simple, à des fonctions de deux variables dont l'une est la variable qui figure dans la fonction à décomposer et dont l'autre coïncide avec les pôles successifs.

L'idée géniale d'Hermite est d'une fécondité telle que chaque auteur, en étudiant des fonctions nouvelles, s'efforce de trouver un élément simple correspondant. C'est ce que Poincaré a fait pour les fonctions fuchsiennes en créant les fonctions zêtafuchsiennes [8] comme il avait créé les fonctions thêtafuchsiennes.

En faisant l'exposé général de la théorie de la décomposition en éléments simples, je prendrai d'abord les fonctions rationnelles et celles qui s'y rattachent, puis, d'après Hermite, les fonctions doublement périodiques et la fonction zêta, les fonctions doublement périodiques de seconde et troisième espèce, puis les fonctions d'un point analytique, puis les fonctions automorphes d'Henri Poincaré, puis enfin les fonctions f dites triplement périodiques de trois variables réelles x, y, z vérifiant l'équation de Laplace $\frac{\partial^2 T}{\partial x^2}+\frac{\partial^2 T}{\partial y^2}+\frac{\partial^2 T}{\partial z^2}=0$. Je consacrerai un numéro spécial à la définition d'un nombre fondamental dans le problème, d'après Poincaré.

CHAPITRE I.

FRACTIONS RATIONNELLES ET FONCTIONS ANALOGUES.

1. Décomposition des fractions rationnelles en éléments simples. — Une fraction rationnelle $R(x)$ est le quotient de deux polynomes. Supposons que le dénominateur admette la racine a, de l'ordre α, la racine b de l'ordre β, ..., supposons enfin, pour nous placer dans le cas le plus général, que la fraction devienne infinie à l'infini et que dans le voisinage de $x=\infty$ elle soit développable en une série ordonnée suivant les puissances décroissantes de x de la forme

$$a_s x^s + a_{s-1}x^{s-1}+\ldots+a_1 x + a_0 + \frac{a_{-1}}{x}+\frac{a_{-2}}{x^2}+\ldots.$$

Dans le voisinage de $x=a$, la fonction sera de la forme

$$\frac{A_1}{x-a}+\frac{A_2}{(x-a)^2}+\ldots+\frac{A_\alpha}{(x-a)^\alpha}+\text{fonction finie pour } x=a,$$

dans le voisinage du pôle $x = b$, elle sera de même de la forme

$$\frac{B_1}{x-b} + \frac{B_2}{(x-b)^2} + \ldots + \frac{B_\beta}{(x-b)^\beta} + \text{fonction finie pour } x = b.$$

On sait que Cauchy appelle *résidus* relatifs aux pôles a, b, ... les coefficients A_1, B_1, ... En généralisant cette dénomination, nous appellerons les coefficients

$$-\alpha_1, \quad A_1, \quad B_1, \quad \ldots, \quad L_1,$$

les résidus relatifs aux pôles

$$x = \infty, \quad x = a, \quad x = d, \quad \ldots.$$

On a alors le théorème suivant [12] facile à démontrer d'une façon élémentaire qui résulte aussi de la considération de l'intégrale de Cauchy

$$\int R(x)\,dx,$$

prise sur un contour fermé entourant les pôles.

La somme des résidus d'une fraction rationnelle est égale à zéro.

La formule de décomposition bien connue, que je rappellerai sous une forme spéciale, peut alors s'obtenir en appliquant le théorème précédent à la fonction rationnelle en t

$$\varphi(t) = \frac{1}{t-x} R(t).$$

Le résidu relatif au point $t = x$ est $R(x)$; le résidu relatif au point $t = \infty$ est le suivant; on a pour t suffisamment grand

$$\frac{1}{t-x} = \frac{1}{t} + \frac{x}{t^2} + \frac{x^2}{t^3} + \ldots,$$

$$R(t) = a_s t^s + a_{s-1} t^{s-1} + \ldots + a_1 t + a_0 + \frac{\alpha_1}{t} + \frac{\alpha_2}{t^2} + \ldots.$$

Le coefficient de $\frac{1}{t}$ dans le produit est

$$a_s x^s + a_{s-1} x^{s-1} + \ldots + a_1 x + a_s;$$

le résidu est ce coefficient changé de signe; au pôle $t = a$, le résidu se calcule de même ; on a en un point t voisin de a

$$\frac{1}{t-x} = \frac{1}{x-a} + \frac{t-a}{(x-a)^2} - \ldots,$$

$$R(t) = \frac{A_1}{t-a} + \frac{A_2}{(t-a)^2} + \ldots + \frac{A_\alpha}{(t-a)^\alpha}.$$

Le résidu correspondant de $\varphi(t)$ est

$$-\left[\frac{A_1}{x-a} + \frac{A_2}{(x-a)^2} + \ldots + \frac{A_\alpha}{(x-a)^\alpha}\right].$$

On a un résultat analogue pour les autres pôles $b, c, \ldots, l$; finalement en écrivant que la somme des résidus de $\varphi(t)$ est nulle, on obtient la formule connue

$$R(x) = a_s x^s + a_{s-1} x^{s-1} + \ldots$$
$$+ a_1 x + x_0 + \sum \left[\frac{A_1}{x-a} + \frac{A_2}{(1-a)^2} + \ldots + \frac{A_\alpha}{(x-a)^\alpha}\right].$$

2. **Fonctions rationnelles de** $\sin x$ **et** $\cos x$. — On désigne ordinairement ces fonctions par $R(\sin x, \cos x)$. Hermite [1] part d'abord de la transformation en une fonction rationnelle de la quantité transcendante $R(\sin x, \cos x)$ qu'on obtient en posant

$$e^{x\sqrt{-1}} = z.$$

De là résulte en effet

$$\sin x = \frac{z^2 - 1}{2z\sqrt{-1}}, \qquad \cos x = \frac{z^2+1}{2z}, \qquad R(\sin x, \cos x) = \frac{F_1(z)}{F(z)},$$

F_1 et F étant des polynomes.

Il déduit alors de la décomposition en fractions simples de la fraction rationnelle en z une décomposition de $R(\sin x, \cos x)$ en éléments simples qui en donne semblablement et d'une manière immédiate l'intégration.

En mettant en évidence les racines nulles du dénominateur $F(z)$, Hermite arrive à la forme suivante, analogue à la décomposition d'une fraction rationnelle en fractions simples :

$$R(\sin x, \cos x) = \Pi(x) + \Phi(x),$$

où $\Pi(x)$ est la partie entière

$$\Pi(x) = \Sigma[a_k(\cos kx + i \sin kx)],$$

et où $\Phi(x)$ est la partie devenant infinie

$$\begin{aligned}\Phi(x) = {} & \mathfrak{A}_1 \cot \frac{1}{2}(x-\alpha) + \mathfrak{A}_2 \frac{d \cot \frac{1}{2}(x-\alpha)}{dx} + \ldots + \mathfrak{A}_n \frac{d^n \cot \frac{1}{2}(x-\alpha)}{dx^n} \\ & + \mathfrak{B}_1 \cot \frac{1}{2}(x-\beta) + \mathfrak{B}_2 \frac{d \cot \frac{1}{2}(x-\beta)}{dx} + \ldots + \mathfrak{B}_p \frac{d^p \cot \frac{1}{2}(x-\beta)}{dx^p} \\ & + \ldots\ldots\ldots\ldots\ldots\ldots\ldots\ldots\ldots\ldots\ldots\ldots \\ & + \mathfrak{L}_1 \cot \frac{1}{2}(x-\lambda) + \mathfrak{L}_2 \frac{d \cot \frac{1}{2}(x-\lambda)}{dx} + \ldots + \mathfrak{L}_s \frac{d^s \cot \frac{1}{2}(x-\lambda)}{dx^s} \\ & + \ldots\ldots\ldots\ldots\ldots\ldots\ldots\ldots\ldots\ldots\ldots\ldots,\end{aligned}$$

où l'élément simple est $\cot \frac{1}{2} x$.

L'intégration est alors immédiate, la seule intégrale nouvelle étant

$$\int \cot \frac{1}{2}(x-t)\, dx = 2 \log \sin \frac{1}{2}(x-t).$$

3. **Fonctions de la forme $e^{\omega x} R(x)$.** — D'après Hermite [1], on décompose d'abord la fraction rationnelle $R(x)$ en fractions simples, puis ω désignant une constante, on déduit de là

$$\begin{aligned}e^{\omega x} R(x) = e^{\omega x} E(x) & + \sum \mathfrak{A}_1 \frac{e^{\omega x}}{x-a} \\ & + \sum \mathfrak{A}_2 \frac{d}{dx} \frac{e^{\omega x}}{x-a} \\ & + \ldots\ldots\ldots\ldots \\ & + \sum \mathfrak{A}_{n+1} \frac{d^n}{dx^n} \frac{e^{\omega x}}{x-a},\end{aligned}$$

où l'on voit que l'élément simple est $\frac{e^{\omega x}}{x}$ qui remplace l'élément $\frac{1}{x}$ correspondant aux fractions rationnelles.

L'intégration $\int e^{\omega x} R(x)\, dx$ est alors immédiate. Il s'y introduit une transcendante nouvelle

$$\int \frac{e^{\omega x}}{x}\, dx,$$

qui, par la substitution $e^{\omega x} = z$, devient

$$\int \frac{dz}{\log z},$$

expression que l'on appelle log intégral de z.

4. Fonctions de la forme $e^{\omega x}R(\sin x, \cos x)$, où ω est différent de i ou de ni, n entier. — Toujours d'après Hermite [1], la fonction $R(\sin x, \cos x)$ étant décomposée suivant la formule précédente, on peut mettre la fonction proposée sous la forme

$$\begin{aligned} e^{\omega x} R(\sin x, \cos x) = e^{\omega x}\Pi(x) + \sum \Big\{ & \mathfrak{A} \left[e^{\omega x} \cot \frac{1}{2}(x-\alpha)\right] \\ & + \mathfrak{A}_1 \frac{d}{dx}\left[e^{\omega x} \cot \frac{1}{2}(x-\alpha)\right] \\ & + \dots\dots\dots\dots \\ & + \mathfrak{A}_n \frac{d^n}{dx^n}\left[e^{\omega x} \cot \frac{1}{2}(x-\alpha)\right], \end{aligned}$$

où $\Pi(x)$ désigne la fonction entière du N° 2.

On voit que l'élément simple est

$$e^{\omega x} \cot \frac{1}{2} x.$$

L'intégration est aisée. Elle conduit à la seule transcendante nouvelle

$$\varphi(x) = \int e^{\omega x} \cot \frac{1}{2} x \, dx.$$

CHAPITRE II.

FONCTIONS DOUBLEMENT PÉRIODIQUES.

5. Fonctions doublement périodiques des trois espèces. — On doit à Hermite [1] [2] la définition des trois espèces de fonctions doublement périodiques. Les fonctions de première espèce sont celles qui vérifient des relations telles que

$$f(x+2\omega) = f(x), \qquad f(x+2\omega') = f(x),$$

---

(1) *Œuvres*, t. III, p. 329.

les périodes étant désignées par 2ω et $2\omega'$. Les fonctions de deuxième espèce vérifient des relations telles que

$$f(x+2\omega) = \mu f(x), \quad f(x+2\omega') = \mu' f(x),$$

μ et μ' désignant des multiplicateurs constants qui ne peuvent pas être ramenés à 1 en multipliant $f(x)$ par une exponentielle de la forme e^{ax}, où a est constant.

Enfin les fonctions de troisième espèce vérifient des relations telles que

$$f(x+2\omega) = e^{Ax+B} f(x), \quad f(x+2\omega') = e^{A'x+B'} f(x),$$

A et A' désignant des constantes qu'on ne peut pas annuler toutes deux en multipliant $f(x)$ par une exponentielle de la forme e^{ax}, où a est une constante.

6. **Fonctions de première espèce.** — L'élément simple a été donné par Hermite [3] qui employait les notations de Jacobi où les périodes sont désignées par $2K$ et $2iK'$. Prenant la fonction $H(x)$ de Jacobi, Hermite pose

$$Z(x) = \frac{H'(x)}{H(x)} = \frac{d}{dx} \log H(x).$$

Cette fonction zêta est alors l'élément simple. Soit une fonction méromorphe $f(x)$ aux périodes $2K$ et $2iK'$ ayant dans un parallélogramme des périodes les infinis $a, b, \ldots, l$ d'ordres respectifs $\alpha, \beta, \ldots, \lambda$, on a

$$\begin{aligned} f(\lambda) = C &+ A_1 Z(x-a) + A_2 \frac{d}{dx} Z(x-a) + \ldots + A_\alpha \frac{d^{\alpha-1}}{dx^{\alpha-1}} Z(x-a) \\ &+ B_1 Z(x-b) + B_2 \frac{d}{dx} Z(x-b) + \ldots + B_\beta \frac{d^{\beta-1}}{dx^{\beta-1}} Z(x-b) \\ &+ \ldots\ldots\ldots\ldots\ldots\ldots\ldots\ldots\ldots\ldots \\ &+ L_1 Z(x-l) + L_2 \frac{d}{dx} Z(x-l) + \ldots + L_\lambda \frac{d^{\lambda-1}}{dx^{\lambda-1}} Z(x-l), \end{aligned}$$

C désignant une constante. La fonction Z admet la période $2K$; elle croît de la constante $-\frac{\pi i}{K}$ quand l'argument de Z croît de $2iK'$.

Mais alors $f(x)$ ne change pas, car la somme de résidus

$$A_1 + B_1 + \ldots + L_1$$

est *nulle*. L'intégration $\int f(x)\,dx$ est alors immédiate.

Le fait que cette somme est nulle est bien connu. Il résulte du fait évident que l'intégrale de Cauchy

$$\int f(z)\,dz,$$

prise sur le contour d'un parallélogramme des périodes (parallélogramme dont les sommets ont pour affixes z_0, $z_0 + 2\omega$, $z_0 + 2\omega + 2\omega'$, $z_0 + 2\omega'$) est *nulle*, car la fonction doublement périodique $f(z)$ prend les mêmes valeurs aux points correspondants des côtés opposés du parallélogramme.

La formule de décomposition peut être obtenue en écrivant que pour la fonction elliptique de t

$$\varphi(t) = [Z(t - x) - Z(t - x_0)] f(t)$$

la somme des résidus relatifs aux pôles situés dans un parallélogramme des périodes est nulle. On voit l'analogie avec la fonction de t

$$\frac{1}{t - x} R(t)$$

considérée dans le cas d'une fraction rationnelle.

La formule d'Hermite est donnée, avec d'autres notations, dans le *Traité des fonctions elliptiques* de Briot et Bouquet. Elle permet l'intégration de toute fonction elliptique.

7. Notations de Weierstrass. — Cette formule prend un autre aspect avec les notations introduites par Weierstrass [5] employées par Halphen [6]. Soient, d'après les notations de Weierstrass, $f(x)$ une fonction doublement périodique de première espèce; 2ω et $2\omega'$ ses périodes; $a, b, \ldots, l$ ses infinis dans un parallélogramme des périodes. L'élément simple sera la fonction

$$\zeta(x) = \frac{\sigma'(x)}{\sigma(x)} = \frac{\sigma'}{\sigma}(x) = \frac{d}{dx} \log \sigma(x),$$

et l'on aura

$$\begin{aligned} f(x) = \mathrm{C} + \mathrm{A}_1 \zeta(x-a) + \mathrm{A}_2 \frac{d\zeta(x-a)}{dx} + \ldots + \mathrm{A}_\alpha \frac{d^{\alpha-1}}{dx^{\alpha-1}} \zeta(x-a) \\ + \mathrm{B}_1 \zeta(x-b) + \mathrm{B}_2 \frac{d\zeta(x-b)}{dx} + \ldots + \mathrm{B}_\beta \frac{d^{\beta-1}}{dx^{\beta-1}} \zeta(x-b) \\ + \ldots\ldots\ldots\ldots\ldots\ldots\ldots\ldots\ldots\ldots\ldots\ldots \\ + \mathrm{L}_1 \zeta(x-l) + \mathrm{L}_2 \frac{d\zeta(x-l)}{dx} + \ldots + \mathrm{L}_\lambda \frac{d^{\lambda-1}}{dx^{\lambda-1}} \zeta(x-l). \end{aligned}$$

Quand x croît de 2ω ou $2\omega'$, ζ croît d'une constante, $f(x)$ ne change pas parce que la somme des résidus

$$\mathrm{A}_1 + \mathrm{B}_1 + \ldots + \mathrm{L}_1$$

est nulle. La formule de décomposition peut être obtenue en considérant la fonction doublement périodique de t

$$[\zeta(t-x) - \zeta(t-x_0)] f(t)$$

et écrivant que la somme des résidus relatifs aux pôles situés dans un parallélogramme des périodes est *nulle*. Dans cette fonction de t, comme dans $\varphi(t)$, x_0 désigne une constante quelconque.

Une fois la fonction $f(x)$ décomposée, l'intégration est immédiate car

$$\int \zeta(x-\alpha)\, dx = \log \sigma(x-\alpha) + \text{const.}$$

Dégénérescences. — On sait que $\sigma(u)$, $\zeta(u)$, $\wp(u)$ dégénèrent en fonctions rationnelles quand les deux périodes 2ω et $2\omega'$ deviennent infinies et en fonctions circulaires quand l'une des périodes devient infinie. Dans les cas correspondants, la formule de décomposition devient la formule de décomposition des fractions rationnelles en éléments simples et la formule analogue pour les fonctions de la forme $\mathrm{R}(\sin x, \cos x)$.

Exemple. — Soit la fonction

$$f(u) = \frac{\wp'(u)}{\wp(u) - \wp(v)},$$

cette fonction admet les trois pôles simples $u = v$, $u = -v$, $u = 0$ et leurs homologues avec les résidus respectifs 1, 1, -2. On a donc

$$f(u) = \mathrm{C} + \zeta(u-v) + \zeta(u+v) - 2\zeta(u).$$

En remarquant que $f(u)$ s'annule pour $u = \omega$, que

$$\zeta\omega = \eta, \qquad \zeta(\omega - v) + \zeta(\omega + v) = 2\eta,$$

on voit que la constante C est nulle et l'on obtient la formule connue

$$\frac{p'u}{pu - pv} = \zeta(u - v) + \zeta(u + v) - 2\zeta(u).$$

Si l'on suppose ω et ω' infinis

$$p(u) = \frac{1}{u^2}, \qquad \zeta u = \frac{1}{u},$$

et l'on a

$$\frac{-\frac{2}{u^3}}{\frac{1}{u^2} - \frac{1}{v^2}} = \frac{2v^2}{u(u^2 - v^2)} = \frac{1}{u - v} + \frac{1}{u + v} - \frac{2}{u},$$

formule qui donne la décomposition de la fraction rationnelle de u, $\frac{2v^2}{u(u^2 - v^2)}$, en éléments simples.

8. Définition par Poincaré d'un nombre fondamental pour la décomposition en éléments simples. — Poincaré a défini un nombre fondamental pour la formule de décomposition [9] (§ 6) en éléments simples, voici comment. Je cite textuellement Poincaré :

« Dans toute décomposition en éléments simples, il y a un nombre que l'on peut appeler *fondamental* et qui joue un rôle très important. Supposons qu'il s'agisse de décomposer en éléments simples les fonctions qui appartiennent à une certaine catégorie C. On doit supposer que la somme de deux fonctions appartenant à cette catégorie C appartient également à C; ce n'est que dans ces conditions qu'on peut être conduit à chercher une décomposition en éléments simples. Il peut arriver que les éléments simples fassent eux-mêmes partie de C : c'est ainsi que, dans la décomposition des fractions rationnelles, on est conduit à des éléments de la forme $\frac{\mathfrak{A}}{x - a}$ qui sont eux-mêmes des fractions rationnelles. Dans ce cas nous dirons que le nombre fondamental est égal à zéro. Mais le contraire peut arriver également. Ainsi, dans la décomposition des fonctions doublement périodiques, les éléments simples sont de la forme $\mathrm{A}\frac{d}{dx}\log\theta\,(x - a)$ et ne sont pas des fonctions doublement périodiques. Mais il existe des fonctions doublement périodiques (¹) qui sont des sommes de deux éléments simples seulement, et à l'aide desquelles toutes les autres s'expriment linéairement. Dans ce cas, le nombre fondamental sera égal à un. En général, s'il existe des fonctions de la catégorie C, décomposables en $m+1$ éléments simples seulement et à l'aide desquelles toutes les autres fonctions de la catégorie C peuvent s'exprimer linéairement, le nombre fondamental sera alors égal à m, pourvu que m soit le plus petit nombre jouissant de cette propriété. Ainsi, dans la décomposition des fonctions rationnelles de x et de y [y étant lié à x par une relation algébrique $(x, y) = 0$], décomposition découverte par M. Roch, le nombre fondamental est égal au genre de la relation $F = 0$. »

Poincaré envisage de même la décomposition de la fonction $A(z)$ considérée dans le Mémoire [9] en éléments simples de la forme

$$A_k \Phi(z, z)$$

et, dans ce Mémoire, détermine le nombre fondamental relatif à cette décomposition; dans le cas du genre zéro et de la deuxième famille, on trouve pour ce nombre

$$n(m-1) - m.$$

Dans ce qui suit, nous désignerons par $\mathfrak{N}$ le nombre fondamental de Poincaré.

9. Fonctions doublement périodiques de seconde espèce. — Une fonction doublement périodique de seconde espèce $F(x)$ admet deux multiplicateurs donnés μ et μ'. Si elle est méromorphe, elle peut, d'après Hermite [2], être décomposée en une somme d'éléments simples relatifs aux pôles a, P, situés dans un parallélogramme des périodes.

Cette formule est donnée dans le paragraphe 1 du Mémoire d'Hermite : *Sur quelques applications des fonctions elliptiques* [2]. On sait qu'Hermite, adoptant les notations de Jacobi, désigne les périodes par $2K$ et $2iK'$; il considère des fonctions méromorphes $F(x)$ vérifiant deux relations de la forme

$$F(x+2K) = \mu F(x),$$
$$F(x+2iK') = \mu' F(x),$$

(¹) De première espèce.

μ et μ' étant des constantes données. Il remarque que, en posant

$$f(x) = \frac{H'(o)H(x+\omega)e^{\lambda x}}{H(\omega)H(x)},$$

$f(x)$ a son résidu pour $x = o$ égal à 1 et qu'on peut déterminer λ et ω de façon que $f(x)$ admette les multiplicateurs μ et μ'. Alors la fonction de z

$$\Phi(z) = F(z)f(x-z)$$

sera, quel que soit x, une fonction doublement périodique de z, aux périodes $2K$ et $2iK'$, car si l'on ajoute à z une période $F(z)$ est multiplié par une constante et $f(x-z)$ par la constante inverse. On obtient alors d'après Hermite la formule de décomposition pour $F(x)$ en écrivant que la somme des résidus de la fonction $\Phi(z)$ relative aux pôles situés dans un parallélogramme des périodes est nulle.

Le résidu de $\Phi(z)$ correspondant au pôle $z = x$ est $-F(x)$. Ceux qui proviennent des pôles de $F(z)$ s'obtiennent comme il suit. Soit $z = a$ un de ces pôles : en posant

$$z - a = \varepsilon$$

(ε infiniment petit), on a

$$F(a+\varepsilon) = A\varepsilon^{-1} + A_1 D_\varepsilon \varepsilon^{-1} + A_2 D_\varepsilon^2 \varepsilon^{-1} - \dots$$
$$+ A_\alpha D_\varepsilon^\alpha \varepsilon^{-1} + a_0 + a_1\varepsilon + a_2\varepsilon^2 + \dots;$$

$$f(x-a-\varepsilon) = f(x-a) - \frac{\varepsilon}{1} D_x f(x-a) + \frac{\varepsilon^2}{1.2} D_x^2 f(x-a) + \dots$$
$$+ \frac{(-1)^\alpha \varepsilon^\alpha}{1.2\dots\alpha} D_n^\alpha f(x-a) + \dots.$$

Le résidu cherché est le coefficient du terme en $\frac{1}{\varepsilon}$ dans le produit des seconds membres. Ce coefficient est, en remarquant que

$$D_\varepsilon^n \varepsilon^{-1} = (-1)^n \frac{1.2\dots n}{\varepsilon^{n+1}},$$

$$Af(x-a) + A_1 D_x f(x-a) + A_2 D_x^2 f(x-a) + \dots + A_\alpha D_x^\alpha f(x-a).$$

En écrivant que la somme des résidus de $\Phi(z)$ est nulle, on obtient la formule cherchée

$$F(x) = \Sigma[Af(x-a) + A_1 D_x f(x-a) + \dots + A_\alpha D_x^\alpha f(x-a)],$$

où le signe Σ se rapporte à tous les pôles de $F(x)$ situés dans un parallélogramme des périodes. En supposant $\mu = \mu' = 1$, Hermite montre qu'on obtient comme cas limite la formule de décomposition relative aux fonctions doublement périodiques de première espèce. Il applique ensuite sa formule aux fonctions

$$\frac{\Theta(x+a)\,\Theta(x+b)\ldots\Theta(x+l)\,e^{\lambda x}}{\Theta^n(x)},$$

$$\frac{\mathrm{H}(x+a)\,\mathrm{H}(x+b)\ldots\mathrm{H}(x+l)\,e^{\lambda x}}{\Theta^n(x)},$$

n étant le nombre des constantes $a, b, \ldots, l$.

Si l'on cherche l'intégrale

$$\int \mathrm{F}(x)\,dx$$

on est conduit à un seul élément nouveau

$$\int f(u)\,du.$$

Les formules précédentes sont écrites dans la notation de Jacobi.

Actuellement $\mathfrak{N} = 0$ car l'élément simple est lui-même une des fonctions à décomposer.

10. Notations de Weierstrass. — Si l'on emploie les notations de Weierstrass, l'élément simple d'Hermite est la fonction

$$\Phi(x) = \frac{\sigma(x+\lambda)}{\sigma(\lambda)\,\sigma(x)}\,e^{\rho x}$$

dont le seul pôle est $x = 0$ et ses homologues et dont le résidu est 1 pour le pôle $x = 0$. On peut déterminer λ et ρ de façon que $\Phi(x)$ admette deux multiplicateurs donnés μ et μ'

$$\mu = e^{2\eta\lambda + 2\omega\rho}, \qquad \mu' = e^{2\eta'\lambda + 2\omega'\rho}.$$

Nous écartons le cas où λ serait une période

$$2m\omega + 2m'\omega' :$$

ce cas aurait lieu si

$$\log\mu - 2m'i\pi \qquad \text{et} \qquad \log\mu' + 2mi\pi$$

étaient proportionnels à ω et ω'.

On a alors

$$F(x) = \sum \left[A_1 \Phi(x-a) + A_2 \frac{d}{dx} \Phi(x-a) + \ldots + A_\alpha \frac{d^{\alpha-1}}{dx^{\alpha-1}} \Phi(x-a) \right],$$

$A_1, B_1, \ldots, L_1$ étant les résidus relatifs aux pôles $a, b, \ldots, l$. La différence entre les deux membres est une fonction partout finie, aux multiplicateurs μ et μ', c'est-à-dire zéro. On peut encore appliquer le procédé par lequel Hermite obtient la formule de décomposition (2). Soit $\Phi(x)$ l'élément simple défini plus haut, si l'on ajoute 2ω ou $2\omega'$ à l'argument, l'élément simple est multiplié par μ ou μ'; mais si on les retranche, il est multiplié par $\frac{1}{\mu}$ ou $\frac{1}{\mu'}$. Dès lors, le produit

$$f(t) = \Phi(x-t) F(t)$$

est une fonction doublement périodique de t aux périodes 2ω et $2\omega'$, car le premier facteur admet les multiplicateurs $\frac{1}{\mu}$ et $\frac{1}{\mu'}$, le second les multiplicateurs μ et μ'. Il suffit d'écrire que la somme des résidus de la fonction de t, $f(t)$, relatifs aux pôles situés dans un parallélogramme des périodes ou pour leurs homologues, est *nulle* pour obtenir la formule de décomposition.

11. **Cas singulier des fonctions de deuxième espèce.** — Le cas singulier où la fonction est égale au produit d'une exponentielle $e^{\rho x}$ par une fonction doublement périodique $f(x)$ ne présente aucune difficulté. Néanmoins, il est utile de mettre, pour ces fonctions et surtout pour leur intégration, la formule de décomposition en éléments simples sous une forme en rapport direct avec leur nature. C'est ce qu'a fait M. Mittag-Leffler [7]. Une première formule s'obtient immédiatement en décomposant la fonction méromorphe doublement périodique $f(x)$ en éléments simples et en multipliant le résultat par $e^{\rho x}$; mais il se présente alors des termes de la forme

$$e^{\rho x} \frac{d^n Z(x-a)}{dx^n}$$

ou

$$e^{\rho x} \frac{d^n \zeta(x-a)}{dx^n}.$$

On a une formule plus commode en prenant comme élément simple

$$\varphi(x) = e^{\rho x} \zeta(x).$$

Alors on a

$$e^{\rho x} f(x) = \mathrm{C}\, e^{\rho x} \sum \left[\mathfrak{A}_1\, \varphi(x-a) + \mathfrak{A}_2 \frac{d\,\varphi(x-a)}{dx} + \dots \right.$$
$$\left. + \mathfrak{A}_\alpha \frac{d^{\alpha-1}\,\varphi(x-a)}{dx^{\alpha-1}} \right],$$

où la somme Σ est étendue aux divers pôles a, b, ..., l et où $\mathfrak{A}_1$ est le résidu relatif au pôle a.

Les coefficients $\mathfrak{A}$, $\mathfrak{B}$, $\mathfrak{C}$ sont liés par une relation facile à déduire de ce théorème, que les résidus de la fonction $f(x)$ dans un parallélogramme des périodes ont une somme nulle. Le terme

$$\mathfrak{A}_\nu \frac{d^{\nu-1}\,\varphi(x-a)}{dx^{\nu-1}} = \mathfrak{A}_\nu \frac{d^{\nu-1}\, e^{\rho(x-a)}\,\zeta(x-a)}{dx^{\nu-1}}$$

donne comme coefficient de $\zeta(x-a)$, au facteur $e^{\rho x}$ près,

$$\mathrm{A}_\nu\, \rho^{\nu-1}\, e^{-\rho a}.$$

On a donc

$$\begin{aligned} &\mathfrak{A}_1 + \mathfrak{A}_2\, \rho\, e^{-\rho a} + \mathfrak{A}_3\, \rho^2\, e^{-\rho a} + \dots + \mathfrak{A}_\alpha\, \rho^{\alpha-1}\, e^{-\rho a} \\ &+ \mathfrak{B}_1 + \mathfrak{B}_2\, \rho\, e^{-\rho b} + \mathfrak{B}_3\, \rho^2\, e^{-\rho b} + \dots + \mathfrak{B}_\beta\, \rho^{\beta-1}\, e^{-\rho b} \\ &+ \dots\dots\dots\dots\dots\dots\dots\dots\dots\dots \\ &+ \mathfrak{L}_1 + \mathfrak{L}_2\, \rho\, e^{-\rho l} + \mathfrak{L}_3\, \rho^2\, e^{-\rho l} + \dots + \mathfrak{L}_\lambda\, \rho^{\lambda-1}\, e^{-\rho \theta} = 0. \end{aligned}$$

12. **Cas où les multiplicateurs sont des racines de l'unité.** — Ces cas ne font pas exception à la théorie générale; mais l'élément simple est alors particulièrement intéressant. Il est alors tel qu'une certaine de ses puissances, la $m^{\text{ième}}$ si μ et μ' sont des racines $m^{\text{ièmes}}$ de l'unité, est doublement périodique ordinaire. Ces fonctions particulières comprennent les trois radicaux (notation de Weierstrass) $\sqrt{pu - e_1}$, $\sqrt{pu - e_2}$, $\sqrt{pu - e_3}$ et généralisent, par conséquent, les fonctions anciennes $\operatorname{sn} u$, $\operatorname{cn} u$, $\operatorname{dn} u$. Aucune de ces fonctions n'a les deux périodes 2ω et $2\omega'$, mais par l'addition d'une des périodes elles sont multipliées par -1. Leur carré ne change pas. Ce cas est étudié en détail par Halphen [6].

13. **Fonctions doublement périodiques de troisième espèce.** — Je rappelle que, d'après Hermite, on donne le nom de *fonctions doublement périodiques de troisième espèce* à des fonctions qui se comportent comme des fractions rationnelles pour des valeurs finies

de la variable z et se reproduisent multipliées par des exponentielles du premier degré en z quand on augmente z de l'une ou de l'autre période 2ω ou $2\omega'$, $2K$ ou $2iK'$ suivant les notations. Parmi ces fonctions se trouvent les fonctions $\Theta(z)$, $H(z)$, $\Theta_1(z)$, $H_1(z)$ de Jacobi, les puissances positives ou négatives de ces fonctions et, plus généralement, les expressions de la forme

$$\frac{\Theta(z+a)\Theta(z+b)\ldots\Theta(z+l)}{\Theta(z+a')\Theta(z+b')\ldots\Theta(z+l')},$$

le nombre des facteurs du numérateur étant différent du nombre des facteurs du dénominateur. On peut exprimer toutes les fonctions de troisième espèce de z par une exponentielle du second degré en z multipliée par le quotient de deux produits de fonctions $\Theta(z+a)$ ne contenant pas le même nombre de facteurs au numérateur qu'au dénominateur. Elles se divisent donc en deux groupes : 1° celles qui renferment plus de fonctions Θ au dénominateur qu'au numérateur et qui, par suite, ne comprennent pas de fonctions entières; 2° celles qui renferment plus de fonctions Θ au numérateur qu'au dénominateur et qui comprennent des fonctions entières.

On peut toujours, en multipliant par une exponentielle et faisant un changement de variables, ramener la fonction de troisième espèce considérée à vérifier deux relations de la forme

$$F(x+rK)=F(x), \qquad F(x+2iK')=e^{-\frac{2m\pi x i}{K}}F(x),$$

où m désigne un entier non nul, positif ou négatif, entier qui marque précisément l'excès du nombre de Θ du numérateur sur le nombre des Θ du dénominateur.

Si m est positif, la fonction $F(z)$ a, dans un parallélogramme des périodes, m zéros de plus que d'infinis : en particulier, elle peut n'avoir que m zéros et pas d'infini, elle est alors entière; toute fonction de cette nature, ayant m zéros et pas d'infini, est, comme on le voit par la méthode des coefficients indéterminés, une fonction linéaire et homogène de m fonctions entières

$$g_0(x), \quad g_1(x), \quad \ldots, \quad g_{m-1}(x)$$

linéairement indépendantes et analogues aux fonctions Θ de Jacobi.

Si, au contraire, m est négatif, $m=-\mu$, la fonction $F(x)$ admet, dans un parallélogramme des périodes, μ infinis de plus que de zéros;

en particulier elle peut avoir μ infinis et pas de zéro, comme ce serait le cas pour $\frac{1}{G(x)}$ ou

$$G(x) = \sum_{k=0}^{k=\mu-1} \lambda_k g_k(x),$$

les λ_k étant des constantes arbitraires et les fonctions g_k relatives à l'entier μ.

Dans les deux cas, l'élément simple est une fonction de deux variables indépendantes z et u, définie par la série (16)

$$\chi_n(z, u) = \frac{\pi}{2K} \sum_{\nu=-\infty}^{\nu=+\infty} e^{\frac{n\nu\pi ui}{K}} q^{n\nu(\nu-1)} \cot \frac{\pi}{2K}(z - u - 2\nu i K'),$$

où n est un entier positif et

$$q = e^{-\pi\frac{K'}{K}}.$$

Cette fonction devient infinie toutes les fois que la différence $z-u$ est de la forme $2pK + 2p'iK'$ (p et p' *entiers*). Considéré comme fonction de z, l'élément $\chi_n(z, u)$ admet le pôle $z = u$ avec le résidu 1; comme fonction de u, il admet le pôle $u = z$ avec le résidu -1. Par rapport à chaque variable, l'élément χ_n admet la période $2K$; il vérifie de plus les deux relations

$$\chi_n(z + 2iK', u) = e^{+\frac{\lambda\pi zi}{K}} \chi_n(z, u) + \frac{1}{2}\left(1 + e^{\frac{\pi zi}{K}}\right) g_0(u) + \sum_{k=1}^{k=n-1} e^{\frac{k+zi}{nK}} g_k(u),$$

les fonctions g_k étant relatives à l'entier n;

$$\chi_n(z, u + 2iK') = e^{-\frac{n\pi ui}{K}} \chi_n(z, u).$$

A l'aide de cet élément, on peut écrire toute fonction doublement périodique de troisième espèce, sous forme d'une somme de termes ne devenant chacun infini qu'en un pôle du parallélogramme des périodes.

Soit d'abord une fonction de troisième espèce $F(x)$ ramenée à vérifier les relations

$$F(x + 2K) = F(x), \qquad F(x + 2iK') = e^{-\frac{m\pi xi}{K}} F(x),$$

où m est positif. Il existe alors une fonction entière

$$G(x) = \lambda_0 g_0(x) + \lambda_1 g_1(x) + \ldots + \lambda_{m-1} g_{m-1}(x),$$

où $\lambda_0, \lambda_1, \ldots, \lambda_{m-1}$ sont des constantes arbitraires vérifiant les mêmes relations. Si la fonction $F(x)$ devient infinie du premier ordre en p pôles $a, b, \ldots, l$ d'un parallélogramme des périodes, avec les résidus A, B, ..., L on peut l'écrire sous la forme suivante :

$$F(x) = -A\chi_m(a, x) - B\chi_m(b, x) - \ldots - L\chi_m(l, x) + G(x),$$

où il ne reste plus à déterminer que les constantes figurant linéairement dans $G(x)$. Je n'insiste pas ici sur cette détermination qu'on trouvera dans les Mémoires originaux. La formule obtenue est évidente car la fonction

$$F(x) + A\chi_m(a, x) + \ldots + L\chi_m(l, x)$$

ne devenant plus infinie est entière. Si les pôles au lieu d'être simples étaient respectivement d'ordre $\alpha, \beta, \ldots, \lambda$, on aurait une expression de la forme

$$F(x) = -\sum \left[A\chi_m(a, x) + A_1 \frac{d}{dx}\chi_m(a, x) + \ldots + A_{\alpha-1}\frac{d^{\alpha-1}\chi_m(a, x)}{dx^{\alpha-1}}\right] + G(x).$$

Cette formule peut être obtenue en écrivant que pour la fonction doublement périodique ordinaire $\varphi(z)$ de z

$$\varphi(z) = [F(z) - G(z)]\chi_m(z, x),$$

la somme des résidus relatifs aux pôles $a, b, \ldots, l$ situés dans un parallélogramme des périodes est nulle. Le fait que $\varphi(z)$ est doublement périodique résulte des relations qui vérifient $F(z)$, $G(z)$, $\chi_m(z, x)$ considérés comme fonctions de z; le fait que les pôles de $F(z) - G(z)$ sont ceux de $F(z)$ résulte de ce que $G(z)$ étant entier n'a pas de pôles.

Dans ces formules les coefficients $A, A_1, \ldots, A_\alpha, \ldots$ sont entièrement indépendants des pôles; quant aux coefficients λ_k on arrive à les calculer (16) soit par la méthode des coefficients indéterminés, soit par la considération de l'intégrale

$$\int F(z)\chi_m(z, x)\,dz$$

prise sur le contour d'un parallélogramme des périodes. Alors le nombre fondamental $\mathfrak{N}$ de Poincaré est *nul*.

Si, au contraire, l'entier appelé m est négatif, $m = -\mu$, la fonction $F(x)$ comme on l'a vu, admet dans un parallélogramme des périodes μ infinis de plus que de zéros. En supposant ces infinis du premier ordre et appelant A, B, ..., L les résidus correspondant aux pôles simples $a, b, \ldots, l$ on aura

$$F(x) = A\,\chi_\mu(x, a) + B\,\chi_\mu(x, b) + \ldots + L\,\chi_\mu(x, l);$$

ces résidus ne sont plus indépendants des pôles; ils leur sont liés par μ relations

$$A\,g_k(a) + B\,g_k(b) + \ldots + L\,g_k(l) = 0 \qquad (k = 0, 1, 2, \ldots, \mu - 1),$$

les fonctions g_k étant relatives à l'entier μ, les relations s'obtiennent en remarquant que la fonction

$$F(z)\,g_k(z)$$

est doublement périodique de première espèce et écrivant que la somme des résidus relatifs aux pôles $a, b, \ldots, l$ qu'elle possède dans un parallélogramme des périodes est *nulle*.

Les μ relations trouvées entre les pôles et les résidus suffisent pour rendre le second membre

$$A\,\chi_\mu(x, a) + B\,\chi_\mu(x, b) + \ldots + L\,\chi_\mu(x, l)$$

de la formule de décomposition doublement périodique de troisième espèce avec $m = -\mu$; c'est ce qu'on vérifie en se servant de la formule qui donne l'effet de l'addition de la seconde période $2i\mathrm{K}$ au premier argument de $\chi_n(z, u)$.

On peut alors démontrer la formule de décomposition en remarquant que la différence

$$F(x) - [A\,\chi_\mu(x, a) + B\,\chi_\mu(x, b) + \ldots + L\,\chi_\mu(x, l)]$$

ne devient plus infinie; elle serait donc entière, et comme *il n'y a pas de fonction entière vérifiant les mêmes relations que* F, *quand m est négatif*, cette différence ne peut être que *nulle*. J'ai pris le cas simple où $F(x)$ n'a que des pôles du premier ordre. Le cas général se traite de même. On a alors

$$F(x) = \sum \left[A\chi_\mu(x, a) + A_1 \frac{d}{dx}\chi_\mu(x, a) + \ldots + A_{\alpha-1}\frac{d^{\alpha-1}}{dx^{\alpha-1}}\chi_\mu(x, a)\right],$$

la somme étant étendue aux pôles $a, b, \ldots, l$ supposés le premier d'ordre α, le second d'ordre $\beta, \ldots$, le dernier d'ordre λ. Les relations entre les parties principales et les pôles s'obtiennent en écrivant que, pour la fonction doublement périodique de première espèce

$$F(z)\, g_k(z) \qquad (k = 0, 1, 2, \ldots, \mu - 1),$$

la somme des résidus dans un parallélogramme des périodes est nulle.

Dans les deux cas, l'intégration conduit aux fonctions

$$\int \chi_n(a, x)\, dx, \quad \int \chi_\mu(x, a)\, dx, \quad \int G(x)\, dx.$$

La formule de décomposition dans le cas où il existe dans $F(x)$ plus de pôles que de zéros exprime que la somme des résidus de la fonction de z

$$\varphi(z) = F(z)\chi_\mu(x, z)$$

dans un parallélogramme des périodes est nulle, et cependant cette fonction $\varphi(z)$ qui admet la période $2K$ n'admet pas l'autre $2iK'$.

Ainsi, et c'est là une circonstance très remarquable, la même fonction $\chi_n(z, u)$ sert d'élément de décomposition dans les deux cas : dans l'un des cas, z est la variable et u un paramètre qui coïncide successivement avec les différents pôles; dans l'autre, c'est le premier argument z qui sert de paramètre et le second u de variable.

Ces résultats donnent immédiatement les développements des fonctions doublement périodiques de troisième espèce en séries trigonométriques. En effet, pour développer une quelconque de ces fonctions en série, il suffira de connaître le développement de l'élément simple. Je ne reproduirai pas ici les développements en séries des quatre fonctions

$$\chi_n(z, u), \quad \chi_n\left(z + \frac{\omega'}{2}, u\right), \quad \chi_n\left(z, u + \frac{\omega'}{2}\right), \quad \chi_n\left(z + \frac{\omega'}{2}, u + \frac{\omega'}{2}\right).$$

On se trouve alors en possession de méthodes et de formules générales permettant de trouver facilement les développements en séries des fonctions doublement périodiques de troisième espèce, et comprenant, comme cas particuliers, les formules si précieuses pour l'Arithmétique, que Biehler [19] a établies dans son excellente Thèse, en suivant la voie ouverte par Hermite. Quelques-unes des séries obtenues de cette façon ont été reproduites par Hermite dans un Mémoire inséré au tome 100 du *Journal de Crelle*. Cette méthode de développements en série permet de démontrer une loi générale énoncée par Hermite et vérifiée par Biehler sur un grand nombre d'exemples, loi qui donne une propriété arithmétique extrêmement remarquable des coefficients des développements en série des fonctions de troisième espèce, suivant les puissances de q :

Si l'on développe une fonction doublement périodique de troisième espèce en une série ordonnée par rapport aux puissances de q, on voit apparaître dans les sinus et cosinus qui forment le coefficient de $q^{\frac{N}{4}}$ les combinaisons $\frac{\delta' \pm m\delta}{2}$ des diviseurs conjugués δ et δ' de N; le signe + convenant au cas où il y a au numérateur m fonctions Θ de plus qu'au dénominateur, le signe —, au cas où il y a au dénominateur m fonctions Θ de plus qu'au numérateur.

On peut rattacher les formules de décomposition en éléments simples des fonctions doublement périodiques de troisième espèce au théorème de M. Mittag-Leffler : dans cette application [18] les degrés des polynomes à retrancher de la partie principale croissent indéfiniment.

On peut aussi obtenir des relations entre des χ_n d'indices différents.

Si m est positif, le nombre $\mathfrak{N}$ de Poincaré est nul; si m est négatif $m = -\mu$ il est égal à μ.

14. Notations de Weierstrass. — Les notations de Weierstrass sont employées par Halphen [6]. Voici comment ce dernier définit l'élément simple pour les fonctions doublement périodiques de troisième espèce (*Fonctions elliptiques*, t. I, p. 468). Soient $\theta(x)$ une fonction rationnelle et q une quantité dont le module est plus petit que 1, considérons la série

$$\Psi(x) = \sum_{\nu=-\infty}^{\nu=+\infty} x^{m\nu} q^{m\nu(\nu-1)} \theta(x q^{2\nu}),$$

où m est un entier positif.

La convergence de la série dépendra de la nature de la fonction θ

pour les valeurs infiniment grandes et infiniment petites de z. La série est donc convergente, car $\theta(z)$ pour ces valeurs reste inférieur à une puissance de z d'exposant déterminé. En faisant

$$x = e^{\frac{2\pi i(u-\omega)}{\omega}}, \quad q = e^{\frac{i\pi\omega'}{\omega}}, \quad \Psi(x) = \psi(u),$$

la fonction $\psi(u)$ est évidemment uniforme et chaque point singulier de $\theta(x)$ donne lieu à un seul point singulier de $\psi(u)$ dans un parallélogramme des périodes. Si donc $\theta(x)$ est une fraction rationnelle, la fonction $\psi(u)$ est une fonction fractionnaire ayant, dans chaque parallélogramme des périodes, des pôles en nombre égal à celui des pôles de $\theta(x)$. Comme x est une fonction périodique de u à période 2ω, $\psi(u)$ admet évidemment la période 2ω. De plus, d'après la série qui définit $\Psi(x)$, on a

$$\psi(u + 2\omega') = (-1)^m e^{-m\frac{i\pi u}{\omega}} \psi(u).$$

La fonction $\psi(u)$ est donc de troisième espèce et, dans chaque parallélogramme des périodes, le nombre des zéros de $\psi(u)$ dépasse de m celui des infinis.

Si l'on décompose $\theta(x)$ en éléments simples, on voit que les diverses séries $\psi(u)$ se réduisent à des types distincts en nombre limité.

Tout d'abord il faut supposer $\theta(x)$ réduit à un polynome. En supposant

$$\theta(x) = 1,\ x,\ x^2,\ \ldots,$$

on obtient m fonctions entières. D'abord en prenant

$$\theta(x) = x^r \qquad (r = 0, 1, 2, \ldots, m-1),$$

on a la fonction entière

$$E_r(u) = \sum_{\nu=-\infty}^{\nu=+\infty} x^{m\nu+r} q^{m\nu(\nu-1)+2\nu r}.$$

Si l'exposant de x est supérieur à $m-1$, on retrouve une des fonctions précédentes, car, en changeant ν en $\nu+s$, on a

$$E_r(u) = E_{r+ms}(u)\, q^{ms(s-1)+2rs}.$$

Ainsi, dans la fonction générale $\psi(u)$, un polynome de degré $m-1$

$$\lambda_0 + \lambda_1 x + \ldots + \lambda_{m-1} x^{m-1}$$

donne naissance à

$$\lambda_0 E_0(u) + \lambda_1 E_1(u) + \ldots + \lambda_{m-1} E_{m-1}(u),$$

et si le degré est supérieur à $(m-1)$, la somme est une combinaison linéaire de même forme de $E_0, E_1, \ldots, E_{m-1}(u)$. Ces séries E ne sont pas nouvelles : elles reproduisent la fonction ϑ_1 avec des arguments convenablement choisis.

On obtient l'élément simple en prenant

$$\theta(x) = \frac{i\pi}{\omega} \frac{y}{x-y},$$

y étant une constante. Si alors on pose

$$y = e^{\frac{i\pi(v-\omega)}{\omega}},$$

la fonction particulière $\psi(u)$ correspondant au choix de $\theta(x)$ serait

$$F(u, v) = \frac{i\pi}{\omega} \sum_{\nu=+\infty}^{\nu=+\infty} x^{m\nu} q^{m\nu(\nu-1)} \frac{y}{x q^{2\nu} - y}.$$

Les pôles de F considéré comme fonction de u sont

$$u = v + 2k\omega + 2k'\omega' \qquad (k \text{ et } k' \text{ entiers});$$

on a en particulier le pôle $u = v$ ayant pour résidu $+1$.

Cet élément $F(u, v)$ considéré comme fonction de u sert alors comme nous l'avons vu à décomposer en éléments simples les fonctions doublement périodiques de troisième espèce ayant plus de racines que de pôles.

Une fonction de troisième espèce ayant plus de pôles que de racines est l'inverse d'une des fonctions précédentes. Halphen remplace la fonction $F(u, v)$ par une autre $\mathcal{F}(u, v)$ définie à l'aide de la première. Il remarque que si l'on appelle $\Phi(v)$ une fonction de la nature envisagée, le produit $\Phi(u)\,\mathcal{F}(u, v)$ est une fonction doublement périodique de première espèce de u et que la somme de ses résidus relatifs aux pôles situés dans un parallélogramme des périodes est *nulle*. Le résidu de $\mathcal{F}(u, v)$ relatif au pôle $u = v$ étant 1, on obtient $\Phi(v)$.

On peut aussi de l'expression de $F(u, v)$ déduire les propriétés de l'élément simple, relativement au second argument. Nous ne le ferons pas ici, en renvoyant à Halphen (*Traité*, t. I, p. 478).

CHAPITRE III.

FONCTIONS D'UN POINT ANALYTIQUE ET FONCTIONS AUTOMORPHES DE POINCARÉ.

15. Fonction d'un point analytique x, y. — Étant donnée une relation algébrique entre x et y,

$$F(x, y) = 0, \tag{1}$$

qui fait correspondre, à une valeur de x, n valeurs $y_1, y_2, \ldots, y_n$ de y, nous appelons point analytique (x, y) l'ensemble d'une valeur arbitraire de x et d'une des n valeurs correspondantes de y. Si l'on emploie la représentation géométrique de Riemann, on peut imaginer sur le plan des x une surface de Riemann composée de n feuillets superposés : à chaque point x correspondent alors n valeurs de y, $y_1, y_2, \ldots, y_n$ chacune dans un feuillet.

Les variables x et y peuvent, d'après Poincaré [8, 10], être exprimées en fonction automorphe de z : toute fonction uniforme méromorphe du point analytique (x, y) devient alors fonction automorphe de z. On pourra utilement consulter à cet égard les travaux de G. Humbert [11] sur l'application des fonctions fuchsiennes à la Géométrie.

16. Fonctions rationnelles de x **et** y. — Une fonction rationnelle de x et y, $R(x, y)$ peut être décomposée en éléments simples. Si la relation algébrique (1) entre x et y représente une courbe unicursale, on peut exprimer x et y en fonction rationnelle d'un paramètre t, la fonction $R(x, y)$ est alors rationnelle en t. Si cette courbe est de genre 1, on peut exprimer x et y en fonction doublement périodique d'un paramètre t, alors $R(x, y)$ devient une fonction doublement périodique de t.

Il n'y a donc de véritablement nouveaux que les cas où le genre de la relation (1) est supérieur à 1.

Nous prendrons comme élément simple l'*intégrale abélienne normale de seconde espèce* attachée à la courbe $F(x, y) = 0$. Cette intégrale est, comme l'on sait, une fonction du point analytique (x, y) finie partout, excepté en un point $x = \xi$, $y = \eta$ où elle devient infinie du premier ordre avec un résidu égal à l'unité; je la désigne par $Z(\xi, \eta)$, en mettant ainsi en évidence le point (ξ, η) où elle devient infinie. Cette fonction $Z(\xi, \eta)$ est une fonction *rationnelle* du paramètre (ξ, η) ayant pour pôles les points critiques et les points (x, y) et (x_0, y_0), ces derniers avec des résidus -1 et $+1$, comme il résulte du théorème sur l'échange du paramètre et de l'argument dans les intégrales de troisième espèce. Elle joue dans cette théorie le même rôle que la fonction $\frac{1}{x-\xi} - \frac{1}{x_0-\xi}$ dans la théorie des fonctions uniformes de x. L'expression générale d'une fonction rationnelle $R(x, y)$ est, d'après une formule de Riemann-Roch,

$$R(x, y) = R(x_0, y_0) + \sum \left[A\, Z(a, b) + A_1 \frac{dZ(a, b)}{dx} + \ldots + A_{\alpha-1} \frac{d^{\alpha-1}}{dx^{\alpha-1}} Z(a, b) \right].$$

Cette formule est la généralisation de la formule de décomposition d'une fraction rationnelle $R(x)$ écrite sous la forme

$$R(x) = R(x_0) + \sum A \left(\frac{1}{x-a} - \frac{1}{x_0-a} \right) + A_1 \frac{d}{dx} \frac{1}{x-a} + \ldots + A_{\alpha-1} \frac{d^{\alpha-1}}{ds^{\alpha-1}} \frac{1}{x-a}.$$

Il y a cependant entre la théorie des fonctions d'une variable x et celle des fonctions d'un point analytique (x, y) une différence considérable qu'il importe de signaler en peu de mots : c'est que, dans les expressions que donne Weierstrass pour les fonctions uniformes d'une variable x, *les coefficients sont arbitraires*, tandis que dans les expressions des fonctions uniformes d'un point analytique (x, y), *les coefficients des séries sont assujettis à vérifier p relations* qu'il serait trop long d'indiquer ici.

Les formules se déduisent toutes par un procédé uniforme du théorème suivant la généralisation du théorème n° I.

Si l'on forme, d'une part, la somme des résidus d'une fonction uniforme d'un point analytique ayant un nombre fini de points *singuliers et, d'autre part, la somme des coefficients de x^{-1} dans les développements des m déterminations de la fonction au voisinage du point ∞, ces deux sommes sont égales.*

D'après Poincaré, le nombre fondamental $\mathfrak{N}$ est égal à p, p étant le genre.

17. Fonctions à multiplicateurs constants. — Ces fonctions constituent la généralisation des fonctions doublement périodiques de seconde espèce.

Partons de la considération d'une relation algébrique de genre p et de la surface de Riemann correspondante, rendue simplement connexe au moyen des coupures introduites par Riemann. Les fonctions à multiplicateurs sont des fonctions uniformes sur cette surface, n'ayant d'autres singularités que des pôles et dont les valeurs, aux deux bords d'une coupure, ne diffèrent l'une de l'autre que par des facteurs ou multiplicateurs constants : il y a en tout $2p$ multiplicateurs correspondant aux $2p$ périodes d'une intégrale abélienne de première espèce. Le problème qui se pose alors est de former l'expression générale des fonctions admettant $2p$ multiplicateurs donnés d'avance. Cette expression peut être donnée sous une forme, qui met en évidence les pôles et les parties principales correspondantes : elle est fournie par une somme d'éléments simples. Pour arriver à cette formule, il faut avoir recours à la notion d'intégrales de fonctions à multiplicateurs, de même que, pour décomposer en éléments simples une fonction algébrique par la formule de Riemann-Roch, on est obligé de se servir d'intégrales de fonctions algébriques. La formule est toujours la même : l'élément simple est l'intégrale de seconde espèce d'une fonction admettant les multiplicateurs donnés.

Comme il arrive déjà pour les fonctions algébriques de genre supérieur à zéro, les résidus et les pôles d'une fonction à multiplicateurs ne sont pas indépendants les uns des autres : il existe, en général, $p-1$ relations entre les pôles et les résidus correspondants d'une fonction à multiplicateurs et p dans un cas spécial, comprenant en particulier celui des fonctions algébriques : ce cas spécial se présente lorsqu'il existe une fonction sans zéros ni infinis, admettant les multiplicateurs donnés. C'est ainsi, par exemple, que, pour les fonctions doublement périodiques de seconde espèce d'une variable u, $(p=1)$, il n'y a, en général, aucune relation entre les pôles et les résidus, tandis qu'il en existe une lorsque les multiplicateurs sont ceux d'une certaine exponentielle.

Le nombre $\mathfrak{N}$ de Poincaré est ici $p - 1$.

18. Fonctions à multiplicateurs exponentiels. — Les fonctions à multiplicateurs constituent, comme le montre l'analyse précédente, des fonctions analogues aux fonctions doublement périodiques de seconde espèce. On peut étudier de même certaines fonctions d'un point analytique, qui peuvent être envisagées comme analogues aux fonctions doublement périodiques de troisième espèce. Si l'on considère une courbe algébrique de genre p et si l'on appelle $u^{(i)}(x, y)$ $(i = 1, 2, \ldots, p)$ les intégrales abéliennes normales de première espèce correspondantes, les fonctions considérées sont des fonctions du point analytique (x, y) qui ne changent pas, quand ce point décrit un cycle normal de *rang impair* et qui se reproduisent multipliées par $e^{-mu^{(i)}(x,y)}$ quand le point décrit le cycle normal de rang $2i$, m désignant un entier positif ou négatif. Supposons encore que ces fonctions n'aient que des pôles sur la surface de Riemann, alors : 1° si m est positif, elles ont sur cette surface un nombre de zéros dépassant de mp celui des infinis; 2° si, au contraire, m est négatif et égal à $-\mu$, elles ont μp infinis de plus que de zéros. Les fonctions de la première sorte sont les inverses de celles de la seconde. On peut obtenir l'expression générale de ces fonctions par une fraction rationnelle en x et y, multipliée par des fonctions Θ où l'on a remplacé les variables par les intégrales abéliennes correspondantes. Quand m est positif, les résidus et les pôles sont indépendants les uns des autres; quand m est négatif, il y a des relations nécessaires entre les pôles et les résidus correspondants.

Je n'ai trouvé nulle part de formule de décomposition en éléments simples. Il faudrait former cet élément par analogie avec ce que nous avons vu pour les fonctions doublement périodiques de troisième espèce $(p = 1)$ (n° 12).

Cette formule pourra probablement se déduire de ce qui suit.

19. Fonctions automorphes. — Les fonctions automorphes ont été formées par Henri Poincaré [8], elles reprennent la même valeur quand on y remplace la variable z par $\frac{\alpha z + \beta}{\gamma z + \delta}$, $\alpha\delta - \beta\gamma = 1$. Poincaré a appelé ces fonctions fuchsiennes et kleinéennes en hommage aux mathématiciens allemands Fuchs et Klein qui avaient été des précurseurs. Mais si le nom de ces fonctions devait rappeler le nom d'un savant, ce ne pourrait être que le nom de Henri Poincaré : aussi vaut-il mieux leur donner un nom qui ne rappelle celui d'aucun savant et de les nommer *automorphes*.

H. Poincaré a démontré que les coordonnées d'un point x, y d'une courbe algébrique de genre quelconque peuvent s'exprimer en fonctions automorphes d'un paramètre z : les fonctions rationnelles de x et y deviennent alors des fonctions automorphes des paramètres. Les fonctions à multiplicateurs constants deviennent des fonctions, qui, par chaque substitution du groupe $\frac{\alpha z + \beta}{\gamma z + \delta}$, se reproduisent à un facteur constant près; les fonctions à multiplicateurs exponentiels deviennent des fonctions, qui, par chaque substitution du groupe, sont reproduites multipliées par une exponentielle de la forme $e^{-m_i u_i(x,y)}$, $u_i(x, y)$ étant une intégrale abélienne de première espèce. Pour chacune de ces sortes, les fonctions automorphes, correspondant aux trois espèces de fonctions elliptiques, la formule de décomposition en éléments simples se déduit de la formule relative aux fonctions du point analytique (x, y) par la substitution des expressions de x et y en fonction de z.

Il paraît probable qu'on peut définir des fonctions automorphes des trois espèces analogues aux fonctions doublement périodiques des trois espèces.

Grâce aux relations algébriques entre deux fonctions fuchsiennes, il est possible d'utiliser les fonctions automorphes pour l'étude des fonctions et des courbes algébriques. On peut se servir des expressions des coordonnées d'un point d'une courbe algébrique en fonctions fuchsiennes d'un paramètre pour arriver à un certain nombre de théorèmes et retrouver ceux que Clebsch a déduits de la théorie des intégrales abéliennes. C'est ce qu'a fait M. G. Humbert [11]. On peut se servir également de ces expressions pour exposer d'une façon plus simple la théorie des intégrales et fonctions abéliennes.

Si, dans une intégrale abélienne de première espèce, on remplace la variable par une fonction automorphe de z, cette intégrale devient à son tour une fonction uniforme de z dont on trouve aisément le développement analytique. Ainsi, ces intégrales qu'on savait déjà obtenir à l'aide des fonctions Θ sont susceptibles d'une expression analytique entièrement différente dans laquelle entrent des transcendantes dépendant d'une seule variable.

20. Fonctions zêtafuchsiennes de Poincaré [8]. — Les fonctions zêtafuchsiennes jouent dans les théories de Poincaré [9] le même rôle que les fonctions zêta dans la théorie des transcendantes elliptiques. Soit g un groupe fuchsien quelconque, $Z_1, Z_2, \ldots, Z_p$, p fonctions de z n'existant qu'à l'intérieur du cercle fondamental; supposons que lorsque z subit une substitution du groupe g d'une famille déterminée qui peut être la première, la fonction Z_i se change en $\Sigma a_{ik} Z_k$; les substitutions

$$(Z_i, \Sigma a_{ik} Z_k)$$

formeront un groupe G isomorphe à g que Poincaré appelle zêtafuchsien.

Supposons que ces fonctions Z soient uniformes et n'aient à l'intérieur du cercle fondamental que des pôles. Lorsque le polygone générateur R_0 a un ou plusieurs sommets sur la circonférence du cercle fondamental, soit α l'un de ces sommets. On suppose que les fonctions Z n'ont dans le voisinage du point $z = \alpha$ que des singularités logarithmiques analogues à celles que présentent au voisinage de ce point les fonctions fuchsiennes engendrées par le groupe g. Ces fonctions sont, comme on sait, holomorphes en e^t en posant $t = \frac{\beta}{z - \alpha}$.

Dans le voisinage de ce même point singulier, les fonctions Z sont de la forme

$$P_1 e^{\lambda_1 t} \Phi_1 + P_2 e^{\lambda_2 t} \Phi_2 + \ldots + P_q e^{\lambda_q t} \Phi_q,$$

où les λ sont des constantes, où $\Phi_1, \Phi_2, \ldots, \Phi_q$ sont holomorphes en e^t et où $P_1, P_2, \ldots, P_q$ sont des polynomes en t de degré n_1, $n_2, \ldots, n_q$, tels que

$$n_1 + n_2 + \ldots + n_q = p - q,$$

où p est défini plus loin.

Lorsque toutes ces conditions sont remplies, on dit que les fonctions Z sont des fonctions zêtafuchsiennes.

Si alors on considère les équations

$$\frac{d^p \varphi}{dx^p} + \sum_{k=0}^{k=p-1} \varphi_k(x, y) \frac{d^k \varphi}{dx^k} = 0,$$

$$F(x, y) = 0,$$

où les φ sont des fonctions rationnelles de x et y supposés liés par la deuxième équation, Poincaré considère une équation auxiliaire

$$\frac{d^2 w}{dx^2} = \theta(x, y) w,$$

où $\theta(x, y)$ est une fonction rationnelle telle que tous les points singuliers de l'équation en v appartiennent à l'équation en w. Nous n'insisterons pas sur la détermination de θ qui a été donnée par Poincaré. En supposant que θ soit choisi de façon que x et y soient des fonctions fuchsiennes $f(z)$ et $f_1(z)$ du rapport z des intégrales en w et que les intégrales v soient partout régulières; alors si nous substituons $f(z)$ et $f_1(z)$ à la place de x et y, les intégrales v deviendront des fonctions zêtafuchsiennes de z, soit $Z_1, Z_2, \ldots, Z_p$ un système zêtafuchsien de la première famille. Soit $f(z)$ une fonction fuchsienne de la première famille ayant même groupe fuchsien que ce système; nous supposerons, avec Poincaré, que $f(z)$ est du genre zéro et que toutes les autres fonctions fuchsiennes du même groupe sont des fonctions rationnelles de $f(z)$. On peut démontrer que les p fonctions

$$F(z) = Z_i(z)\left(\frac{df}{dz}\right)^{-h}$$

peuvent se développer en séries de la forme

$$\sum \frac{A}{z-a} + \ldots.$$

où les a sont les infinis et les A les résidus correspondants. Supposons que a soit un infini des fonctions $F_i(z)$ situé à l'intérieur de R_0 infini que nous supposerons simple et $A_0, A_2, \ldots, A_p$ les résidus correspondants de p fonctions F_i.

Les points

$$\frac{\alpha_i a + \beta_i}{\gamma_i a + \delta_i}$$

seront aussi des infinis simples de ces mêmes fonctions. En considérant la substitution $S_i(Z_\mu, \Sigma a_{\mu\rho} Z_\rho)$, nous écrirons

$$A_\mu S_i = \sum a_{\mu\rho} A_\rho,$$

les résidus des p fonctions F_i pour

$$z = \frac{\alpha_i a + \beta_i}{\gamma_i a + \delta_i}$$

sont

$$A'_\mu = (A_\mu S_l \gamma_l a + \delta_l)^{-2h-2}.$$

Nous trouverons comme élément simple

$$\Phi_\mu(z, a) = \sum \frac{(A_\mu S_l)}{\left(z - \frac{\alpha_l a + \beta_l}{\gamma_l a + \delta_l}\right)} (\gamma_l a + \delta_l)^{2h+2},$$

et ainsi, chaque fonction F_l se trouvera décomposée en un nombre fini d'éléments simples de la forme $\Phi_\mu(z, a)$.

Mais on peut pousser cette décomposition plus loin.

On a, en effet,

$$\Phi_\mu(z, a) = \sum_\nu \sum_l \frac{a^l_{\mu\nu} A_\nu}{\left(z - \frac{\alpha_l a + \beta_l}{\gamma_l a + \delta_l}\right)(\gamma_l a + \delta_l)^{2\lambda+2}}$$

ou encore

$$\Phi_\mu = A_1 \Phi_{\mu 1} + A_2 \Phi_{\mu 2} + \ldots + A_p \Phi_{\mu p}$$

en posant

$$\Phi_{\mu,\nu} = \sum \frac{a^l_{\mu\nu}}{\left(z - \frac{\alpha_l a + \beta_l}{\gamma_l a + \delta_l}\right)(\gamma_l a + \delta_l)^{2h+2}},$$

de sorte que si les fonctions F_i admettent les infinis simples z_1, z_2, ..., z_q à l'intérieur de R_0 et si elles admettent l'infini z_k respectivement avec les résidus B_{k1}, B_{k2}, ..., B_{kp}, nous aurons l'identité

$$Z_p \left(\frac{df}{dz}\right)^{-h} = \sum_k \sum_\mu B_{k\mu} \Phi_{\mu,\nu}(z, z_k) \qquad (\mu = 1, 2, \ldots, p)$$

qui nous donne la fonction $Z_p \left(\frac{df}{dz}\right)^{-h}$ décomposée en éléments simples.

Pour étudier ces éléments simples, $\Phi_{\mu,\nu}(z, a)$, on considérera a comme variable.

CHAPITRE IV.

FONCTIONS HARMONIQUES DE VARIABLES RÉELLES.

21. Fonctions harmoniques de variables réelles. Théorie générale. — On peut [20] étendre les théorèmes de la théorie des fonctions d'une variable complexe aux fonctions *harmoniques*, c'est-à-dire aux fonctions de trois variables réelles, vérifiant, là où elles existent, l'équation aux dérivées partielles

$$\Delta F = \frac{\partial^2 F}{\partial x^2} + \frac{\partial^2 F}{\partial y^2} + \frac{\partial^2 F}{\partial z^2} = 0.$$

En convenant de considérer x, y, z comme les coordonnées d'un point par rapport à trois axes rectangulaires, une fonction F vérifiant l'équation $\Delta F = 0$, pourra être définie dans tout l'espace ou seulement dans une portion de l'espace en exceptant certains points ou certaines lignes, ou certaines surfaces. La théorie de ces fonctions se rapproche tout naturellement de celle des fonctions d'une variable imaginaire $u = x + iy$, si l'on se rappelle que la partie réelle d'une fonction analytique de $x + iy$ vérifie une équation aux dérivées partielles analogue, mais à deux termes seulement.

22. Fonctions analogues aux fractions rationnelles; décomposition en éléments simples. — Si l'on imagine une fonction harmonique finie continue et uniforme dans tout l'espace, sauf en certains points, on peut classer ces points en pôles et points singuliers essentiels; on se sert pour cela de l'élément

$$\frac{1}{r} = \frac{1}{\sqrt{(x-a)^2 + (y-b)^2 + (z-c)^2}}$$

qui joue le rôle de $\frac{1}{x-a}$ dans la théorie des fonctions d'une variable complexe et qui conduit aux fonctions V_ν de Tait et Thomson, puis on définit le *résidu* de la fonction en un pôle ou en un point essentiel isolé. Les points singuliers étant ainsi classés, on obtient l'expression la plus générale d'une fonction n'ayant que des pôles : une fonction de cette nature doit être regardée comme analogue à la partie réelle d'une fonction rationnelle d'une variable imaginaire : elle est égale à une somme de fonctions de la forme $V_\nu(x-a, y-b, z-c)$ à indices positifs ou négatifs, la formule constituant la décomposition en éléments simples. En supposant ensuite une fonction qui possède un nombre fini de points singuliers, parmi lesquels des points singuliers essentiels, on peut donner l'expression générale de cette fonction sous forme d'une somme de fonctions n'ayant chacune qu'un point singulier. On démontre enfin, pour les fonctions harmoniques uniformes, un théorème analogue à celui de Cauchy sur la somme des résidus relatifs aux pôles situés dans un contour donné, en faisant jouer à la formule intégrale de Green un rôle analogue à celui de l'intégrale de Cauchy. On peut également établir un théorème analogue à celui de M. Mittag-Leffler en donnant l'expression d'une fonction harmonique uniforme qui admet pour pôles un nombre infini de points donnés à l'avance avec des parties principales également données. C'est ce théorème qui intervient dans ce qui suit.

23. Fonctions harmoniques à un, deux ou trois groupes de périodes. — Pour appliquer ces théorèmes généraux à des exemples, on peut faire [21] une étude générale des $F(x, y, z)$ admettant trois groupes de périodes (a, b, c), (a', b', c'), (a'', b'', c''); j'entends par là que ces fonctions prennent aux points $(x+a, y+b, z+c)$, $(x+a', y+b', z+c')$, $(x+a'', y+b'', z+c'')$ les mêmes valeurs qu'au point (x, y, z). On peut représenter cette propriété par l'image géométrique suivante. Considérons les trois segments de droite partant de l'origine pour aboutir aux trois points (a, b, c), (a', b', c'), (a'', b'', c'') et, sur ces trois segments, construisons un parallélépipède; sur les faces de ce parallélépipède, plaçons des parallélépipèdes égaux et orientés de la même façon; puis, faisons la même opération pour les nouveaux parallélépipèdes et ainsi de suite, indéfiniment de manière à remplir tout l'espace d'un réseau de parallélépipèdes égaux et orientés de la même façon, se touchant par leurs faces égales. La fonction F possède cette propriété, qu'elle reprend les mêmes valeurs aux points placés de la même façon dans tous ces parallélépipèdes. Il suffira, d'après cela, de connaître la fonction F dans un de ces parallélépipèdes que nous appelons *parallélépipède élémentaire*, pour la connaître dans tout l'espace. On voit que ces fonctions sont semblables à la partie réelle d'une fonction doublement périodique d'une variable imaginaire $u = x + iy$, qui reprend les mêmes valeurs aux points d'un plan placés de la même façon dans un réseau de parallélogrammes. Cette similitude se poursuit dans la plupart des propriétés; ainsi :

Une fonction à trois groupes de périodes, finie en tous les points d'un parallélépipède élémentaire est une constante. Si la fonction admet dans un parallélépipède élémentaire un nombre fini de points singuliers, la somme des résidus relatifs à ces points est nulle.

Jusqu'ici ces fonctions sont conçues seulement *in abstracto*, il s'agit d'avoir leurs expressions analytiques. Pour cela, je commence par construire, à l'aide d'une série, une fonction $Z(x, y, z)$ vérifiant l'équation du potentiel et présentant la plus grande analogie avec la fonction $Z(u) = \frac{H'(u)}{H(u)}$, à l'aide de laquelle on peut, comme l'a montré Hermite, représenter toutes les fonctions *elliptiques* par une formule de décomposition en élément simple; la fonction $Z(x, y, z)$ nous permettra, de même, de représenter toutes les fonctions à trois groupes de périodes ayant dans un parallélépipède un nombre fini de points singuliers : elle est essentiellement définie par la condition d'avoir, pour pôles du premier degré avec le résidu $+1$, *tous les sommets du réseau des parallélépipèdes*. Par l'application du théorème analogue à celui de M. Mittag-Leffler, on arrive à écrire cette fonction sous forme d'une série qui converge absolument. Cette fonction n'admet pas les groupes de périodes (a, b, c), (a', b', c'), (a'', b'', c''), pas plus que la fonction $Z(u)$ n'admet les deux périodes des fonctions elliptiques; elle vérifie des équations de la forme suivante :

$$Z(x+a, y+b, z+c) - Z(x, y, z) = Ax + By + Cz + E,$$

les lettres A, B, C, E désignant des constantes qui dépendent des neuf quantités a, b, c, a', b', c', a'', b'', c''; ces constantes sont liées par des relations que l'on établit *à priori* et qui permettent de les calculer dans certains cas, autrement que par des séries, par exemple, dans le cas où les parallélépipèdes élémentaires sont des *cubes* [22]. La fonction $Z(x, y, z)$ une fois construite, on a très simplement l'expression d'une fonction à trois groupes de périodes n'ayant que des pôles, par une somme composée de fonctions Z et de leurs dérivées en s'appuyant sur ce fait que la somme des résidus, relatifs aux pôles situés dans un parallélépipède des périodes est *nulle*. On peut remplacer l'élément simple Z par une fonction à trois groupes de périodes [22], mais cet élément n'est plus harmonique. Si l'on fait croître indéfiniment une ou deux dimensions des parallélépipèdes élémentaires, on obtient des fonctions n'ayant que *deux* ou *un* groupe de périodes : parmi ces dernières, se trouve une fonction qui a été employée par Chervet pour exprimer le potentiel d'une masse liquide limitée par deux plans parallèles et traversée par un flux permanent d'électricité. La fonction $Z(x, y, z)$ peut être employée dans des questions de *Physique mathématique* du même genre.

Dans la décomposition en éléments simples des fonctions harmoniques à trois groupes de périodes, le nombre fondamental de Poincaré est égal à 1, comme pour les fonctions doublement périodiques de première espèce.

BIBLIOGRAPHIE.

1. HERMITE. — *Cours d'Analyse de l'École Polytechnique*, 1 vol., p. 2, 321, 352, 365, Gauthier-Villars; *Nouvelles Annales de Mathématiques*, 2e série, t. XI, 1872, p. 145-148; *Annales de l'École Normale*, 1re série, t. I, 1872, p. 215-218; *Œuvres*, t. III, p. 35.
1*. HERMITE. — *Crelle*, t. 79, 1875, p. 339-344; *Œuvres*, t. III, p. 215-221.
2. HERMITE. — Sur quelques applications des fonctions elliptiques [*C. R. de l'Ac. des Sc.*, t. 85, 86, 89, 90, 93, 94, *Œuvres*, t. III, p. 266-418 (spécialement Chap. I et II)].
3. HERMITE. — *Note sur la théorie des fonctions elliptiques*, 6e édition, Lacroix; *Œuvres*, t. II, p. 125; *Journal de Crelle*, t. 82, 1877, p. 343; *Œuvres*, t. III, p. 420-422.
4. HERMITE. — *In memoriam Dominici Chelini* (Article sur les fonctions doublement périodiques de troisième espèce).
5. WEIERSTRASS. — *Formalen und Lehrsätz elliptische functionen* (feuilles publiées par Schwartz; traduction française).
6. HALPHEN. — *Traité des fonctions elliptiques*, t. I; Gauthier-Villars.
7. MITTAG-LEFFLER. — *C. R. de l'Ac. des Sc.*, t. 90, 1880, p. 178.
8. H. POINCARÉ. — Mémoire sur les fonctions fuchsiennes (*Acta mathematica*, t. 3, 1882, p. 1-62; *Œuvres*, t. II, p. 1108).
9. H. POINCARÉ. — Mémoire sur les fonctions zêtafuchsiennes (*Acta mathematica*, t. 5, 1884, p. 209-278; *Œuvres*, t. II, p. 402).
10. LACOUR. — Thèse, 1895; Gauthier-Villars.
11. G. HUMBERT. — Application de la théorie des fonctions fuchsiennes à l'étude des courbes algébriques (*Journal de Mathématiques*, 4e série, t. IV, 1880).

12. APPELL. — Théorèmes sur les fonctions d'un point analytique (*C. R. de l'Ac. des Sc.*, t. 95, 9 octobre 1882, p. 624-626); Relations entre les résidus d'une fonction d'un point analytique (x, y) qui se reproduit, multipliée par une constante, quand le point (x, y) décrit un cycle (*C. R. de l'Ac. des Sc.*, t. 95, 23 octobre 1882, p. 914 919).

13. — Généralisation des fonctions doublement périodiques de seconde espèce (*C. R. de l'Ac. des Sc.*, t. 96, 9 janvier 1883, p. 5-24).

14. — Sur les intégrales de fonctions à multiplicateurs et leur application au développement des fonctions abéliennes en séries trigonométriques (*Acta mathematica*, t. 13, 1890, p. 174) (Rapport de CH. HERMITE, *Ibid.*, p. VII-XII).

15. — Décomposition en éléments simples des fonctions doublement périodiques de troisième espèce (*C. R. de l'Ac. des Sc.*, t. 97, 17 décembre 1883, p. 1419-1422).

16. — Sur les fonctions doublement périodiques de troisième espèce (*Annales de l'École Normale*, 3e série, t. I, avril, mai 1884, p. 135-164: *C. R. de l'Ac. des Sc.*, t. 101, 28 décembre 1885, p. 1478-1480; *Annales de l'École Normale*, 3e série, t. III, janvier, février 1886, p. 9-42).

17. — *Précis de la théorie des fonctions elliptiques*, en collaboration avec Lacour et Garnier; Gauthier-Villars.

18. — Application du théorème de M. Mittag-Leffler aux fonctions doublement périodiques de troisième espèce (*Annales de l'École Normale*, 3e série, t. 2, février, mars 1885, p. 67-74).

19. BIEHLER. — Sur les développements en série des fonctions doublement périodiques de troisième espèce. Thèse, 1879; Gauthier-Villars.

20. APPELL. — Sur les fonctions satisfaisant à l'équation $\Delta F = 0$ (*C. R. de l'Ac. des Sc.*, t. 96, 5 février 1883, p. 368-371).

21. — Sur les fonctions de trois variables réelles satisfaisant à l'équation différentielle $\Delta F = 0$ (*A. M.*, t. 4, 22 janvier, 3 mars 1884, p. 313, 374).

22. — Sur les fonctions harmoniques à trois groupes de périodes (*Rendiconti del Circolo mathematico di Palermo*, t. 22, 1er septembre 1906, p. 361-370).

TABLE DES MATIÈRES.

MÉMORIAL DES SCIENCES MATHÉMATIQUES

Directeur : Henri VILLAT
Correspondant de l'Académie des Sciences de Paris,
Professeur à la Sorbonne,
Directeur du *Journal de Mathématiques pures et appliquées*.

Nouvelle collection fondée sous le haut patronage des Académies Françaises et Étrangères, avec la collaboration de nombreux savants.

Fascicules parus :

Paul Appell. — Sur une forme générale des équations de la dynamique (fasc. I) ... 15 fr.
G. Valiron. — Fonctions entières et fonctions méromorphes (fasc. II). 15 fr.
Paul Appell. — Séries hypergéométriques de plusieurs variables, polynomes d'Hermite et autres fonctions sphériques de l'hyperespace (fasc. III). 15 fr.
M. d'Ocagne. — Esquisse d'ensemble de la Nomographie (fasc. IV). 15 fr.
P. Lévy. — Analyse fonctionnelle (fasc. V), in-8 de 56 pages ... 15 fr.
E. Goursat. — Le problème de Bäcklund (fasc. VI) in-8 de 53 pages ... 15 fr.
A. Buhl. — Séries analytiques. Sommabilité (fasc. VII), 55 pages ... 15 fr.
Th. de Donder. — Introduction à la Gravifique einsteinienne (fasc. VIII), 53 pages ... 15 fr.
E. Cartan. — La géométrie des espaces de Riemann (fasc. IX), 58 p. 15 fr.
P. Humbert. — Fonctions de Lamé et fonctions de Mathieu (fasc. X). 15 fr.
G. Bouligand. — Fonctions harmoniques. Principes de Picard et de Dirichlet (fasc. XI) ... 15 fr.
R. Gosse. — La méthode de Darboux pour les équations $s = f(x, y, z, p, q)$ (fasc. XII) ... 15 fr.
A. Véronnet. — Figures d'équilibre et Cosmogonie (fasc. XIII) ... 15 fr.
Th. De Donder. — Théorie des Champs gravifiques (fasc. XIV) ... 15 fr.
S. Zaremba. — La logique des Mathématiques (fasc. XV) ... 15 fr.
A. Buhl. — Formules stokiennes (fasc. XVI) ... 15 fr.
G. Valiron. — Théorie générale des séries de Dirichlet (fasc. XVII). 15 fr.
A. Sainte-Laguë. — Les Réseaux (ou Graphes), 64 p. (fasc. XVIII) ... 15 fr.
R. Lagrange. — Calcul différentiel absolu (fasc. XIX) ... 15 fr.
A. Bloch. — Les fonctions holomorphes et méromorphes dans le cercle-unité (fasc. XX) ... 15 fr.
M. Janet. — Systèmes d'équations aux dérivées partielles (fasc. XXI). 15 fr.
L. Godeaux. — Transformations birationnelles du plan (fasc. XXII). 15 fr.
Georges Remoundos. — Extension aux fonctions algébroïdes multiformes du théorème de M. Picard et de ses applications (fasc. XXIII) ... 15 fr.
N.-E. Nörlund. — Sur la « Somme » d'une fonction (fasc. XXIV) ... 15 fr.
Georges Darmois. — Les équations de la gravitation einsteinienne (fasc. XXV) ... 15 fr.
Bertrand Gambier. — Déformation des surfaces étudiée du point de vue infinitésimal (fasc. XXVI) ... 15 fr.
Paul Appell. — Le problème géométrique des déblais et remblais (fasc. XXVII) ... 15 fr.
Émile Cotton. — Approximations successives et équations différentielles (fasc. XXVIII) ... 15 fr.
C. Guichard. — Les courbes de l'espace à n dimensions (fasc. XXIX). 15 fr.
Ludovic Zoretti. — Les principes de la mécanique classique (fasc. XXX) ... 15 fr.
Bertrand Gambier. — Applicabilité des surfaces étudiée au point de vue fini (fasc. XXXI) ... 15 fr.
Ch. Riquier. — La Méthode des Fonctions majorantes et les systèmes d'Équations aux dérivées partielles (fasc. XXXII) ... 15 fr.
A. Buhl. — Aperçus modernes sur la théorie des groupes continus et finis (fasc. XXXIII) ... 15 fr.
H. Vergne. — Ondes liquides de gravité (fasc. XXXIV) ... 15 fr.
Léon Lecornu. — Théorie mathématique de l'élasticité (fasc. XXXV). 15 fr.

79271-29 Paris. — Imprimerie Gauthier-Villars et Cie, 55, quai des Grands-Augustins.